Cultiva una Casa

FÁBULAS ZERI
"para nunca dejar de soñar"

Grow a House

ZERI FABLES
"to never stop dreaming"

GuNTeR PauLi

FáBuLaS ZeRi

AGUA	ALIMENTACIÓN	VIVIENDA	SALUD	ENERGÍA	TRABAJO	EDUCACIÓN ÉTICA
JaBóN de NaRaNJas / Soap FRoM oRaNGes	ARRoCes RoJos / ReD RiCe	¿DóNde eSTá Mi CaSa? / WheRe iS HoMe?	SaLóN de BeLLeZa PaRa HiPoPóTaMos / The HiPPo BeauTy PaRLoR	EL VeNTiLaDoR De Las CeBRas / The ZeBRa aiRCoN	EL MaGo RoBeRTo / THe MaGiC HaT	EL áRBoL MáS FueRTe / The STRoNGeST TRee
Agua PoTABle nATuRAL del BoSQue / FoResT WaTeR	No Me CoMaS ViVo / DoN'T eaT Me aLiVe	CuLTiVa UNa CaSa / Grow a HoUSe	NaRiCes Y oíDos Que VeN / NoSes aND eaRs To See	Pies FRíos / CoLD FeeT	¿CóMo Desbaratarlo? / TaKe iT APaRT	¿QuieN eS eL MáS BeLLo? / Who iS THe MoST BeauTiFuL?
La BRuJa DeL DeSieRTo / The DeSeRT WiTCH	EL HoNGo SaBioNDo / The SMaRT MuSHRooM	¿PoR Qué No Me QuieReN? / Why DoN'T THey LiKe Me?	¿ANiMaLes DoCToRes / ANiMaL MeDiCiNe	¿MaNZaNaS VoLaDoRaS? / CaN aPPLes FLy?	CuaTRo oJos, Pelo VERDe / GReeN HaiR aND FouR eYeS	EL oSo Y eL ZoRRo / The BeaR AnD The FoX
La CaBRa MoNTañERa / The MouNTaiN GoaT	AMaMos La CaFeíNa / Mushrooms LoVe CoFFee	¡No Me DeJes SoLo! / DoN'T LeaVe Me aLoNe!	EL ReY De CoRaZoNes / The KiNG oF HeaRTS	CoNTRa La CoRRieNTe / GoiNG aGaiNST THe CuRReNT	CHaMPiñoNes CoLoMBiaNos / CoLoMBiaN MuSHRooMs	¡PoR FaVoR, JueGa CoNMiGo! / PLeaSe PLaY WiHT Me!
CaMiNaNDo SoBRe el Agua / WaLKiNG oN WaTeR	EL JaRDíN de la aBueLa BiSoNTe / GRaNDMa BiSoN	¡RaSCa Mi eSPaLDa! / ScRaTCH My BaCK!	DuLCe De áRBoL / Why CaN'T I eaT SWeeTS?	Los 5 ReiNos De la NaTuRaLeZa / The 5 KiNGDoMs oF NaTuRe	La HoRMiGa aGRiCuLToRa / The Ant FaRMeR	¿PoR Qué No Puedo RoBaR MeNoS? / Why CaN'T I STeaL LeSS?
WATER	FOOD	HOUSING	SóLo MaCHos / OnLy MeN	ENERGY	WORK	EDUCATION ETHICS

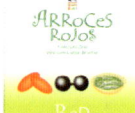

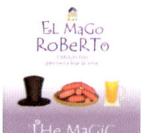

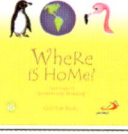

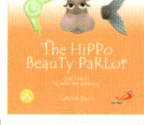

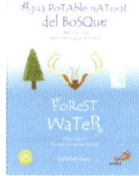

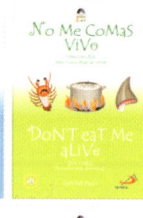

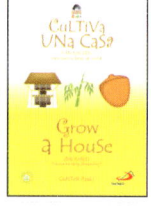

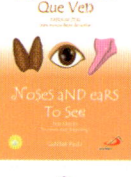

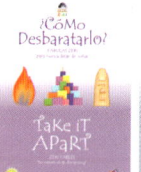

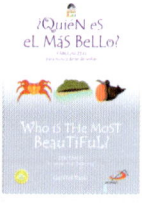

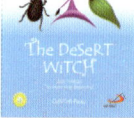

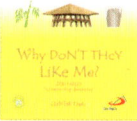

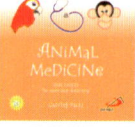

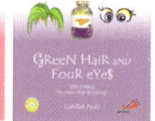

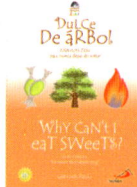

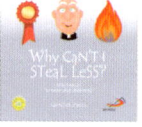

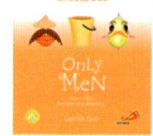

HEALTH

ZeRi-FaBles

CONTENIDO

Cultiva una casa 4

¿Sabías que 22

Piensa sobre 25

¡Hazlo tú mismo! 26

Conocimiento
Académico 27

Inteligencia
Emocional 28

Artes 28

Sistemas: Haciendo
Conexiones 30

Capacidad de
Implementación 30

Esta fábula está
inspirada en 32

CONTENT

Grow a House 4

Did you know that 22

Think about it 25

Do it yourself! 26

Academic
Knowledge 27

Emotional
Intelligence 29

Arts 29

Systems: Making
the Connections 31

Capacity to
Implement 31

This fable is
inspired by 33

Volando en busca de un lugar para vivir, una guacamaya divisa una casa.

—¿Estará hecha de bambú, acero o cemento?... Igual da. Es una linda construcción —dice en voz alta.

A macaw is looking for a place to live and flies by a house.

"Is it made of bamboo, steel or cement?...It's all the same. It's a nice building", he says aloud.

bambú, acero o cemento

bamboo, steel or cement

elegante, sólida y grande

elegant, solid and large

—Sí, es una hermosa casa, pero al campesino no le gusta —responde un perro desde el umbral de la vivienda.

—¿Y qué piensa? Si es una casa elegante, sólida, grande.

"Yes, this is a beautiful house, but the farmer doesn't like it", responds a dog from near the front door.

"What's the reason for that? It's an elegant, solid and large house".

Es una vivienda construida en bambú, y el dueño desprecia el bambú.

—¿Por qué?

—Porque, según él, el bambú es símbolo de pobreza —contesta el perro.

"It's made out of bamboo, and the owner hates bamboo".

"Why?"

"Because he believes it's a symbol of poverty", says the dog.

símbolo de pobreza

symbol of poverty

inmenso balcón

huge covered balcony

—Si te fijas bien, ésta es una casa para gente afortunada. Mira ese inmenso balcón del segundo piso, que lo cobija el techo. Realmente ésta es una casa grande. Yo estaría feliz de descansar aquí y disfrutar la vista del segundo piso –dice la guacamaya.

"If you look closely, this is a house anyone would feel lucky to live in. Look at that huge covered balcony on the second floor. This is a fine house. I would be happy to relax here and enjoy the view from the second floor", says the macaw.

–Igual yo, viviría feliz en el primer piso –dice el perro –. Pero su dueño no quiere vivir aquí. Pensar que a personas de otros países les encantan estas casas; por ejemplo a los alemanes.

–¿A los alemanes? ¿Qué tienen qué ver los alemanes en esto? ¿Ellos no tienen bambú? –pregunta la guacamaya.

–No, no lo tienen. Por eso, cuando vieron esta casa, les llamó tanto la atención que analizaron el bambú y concluyeron que es más fuerte que cualquier otro material; y lo aprobaron, de acuerdo con sus normas de construcción.

"I would be happy too, on the ground floor", says the dog, "but the owner doesn't want to live here. And to think that people from other countries just love these houses, for example the Germans".

"What do the Germans have to do with this? They don't have bamboo?", asks the macaw.

"No, they don't. They were so taken by the house when they saw it that they analyzed the bamboo and found it to be stronger than any other material; and they approved it as a construction material in their building codes".

es más fuerte

be stronger

terremotos

earthquakes

Entonces ¿por qué el campesino se resiste a vivir aquí, si es un material tan fuerte y flexible que lo protegería hasta de los terremotos?

"So why doesn't the farmer want to live here, if it's such a strong and flexible material that it will protect him even from earthquakes?"

—Quizá porque teme que las termitas se coman la casa, antes de que nazca su segundo hijo —dice el perro.

—Ahhh, bueno. Tiene toda la razón. A las termitas les encanta alimentarse del almidón que contiene el bambú.

—¡Eso era antes! Ahora se elimina todo ese almidón.

—¿Utilizando químicos alemanes? —pregunta la guacamaya.

"Perhaps he is afraid that termites will eat the house before his second baby is born", says the dog.

"Of course, that could be a problem, termites love the bamboo's starch".

"No, actually that was before. Now they've eliminated all the starch".

"Using German chemicals?", asks the macaw.

termitas

termites

bambú - carbón - humo

bamboo - charcoal - smoke

–No, por supuesto que no. Los químicos son tóxicos. Ahora el bambú se trata naturalmente, con humo generado por el mismo bambú.
–¿Cómo pueden hacerse las dos cosas al mismo tiempo: usar bambú y quemarlo?
–Como en la construcción se necesitan varas de más o menos seis metros de largo, las más cortas se convierten en carbón para cocinar. Y, con el humo que producen, se trata el bambú.
–¡Ah!, pero tampoco es tan bueno, porque el humo produce gases que contaminan el aire
–No. En este caso, todos los gases son usados para la preservación del bambú. El humo entra en una caja cerrada, el bambú lo absorbe completamente, para protegerse contra las termitas y la humedad, y nunca ensucia el aire –explica el perro.

"No, of course not. Chemicals are toxic. Now we treat bamboo naturally, with bamboo smoke".
"How can you use bamboo and burn it at the same time?"
"Since the building needs 6-meter poles, whatever is shorter is converted into charcoal for cooking. And the smoke from that process is what treats the bamboo poles".
"That's no good either, because the smoke produces toxic gas that pollutes the air", says the worried macaw.
"No. In this case, all gas from the smoke is used for treating wood. The smoke is contained in a closed box and the bamboo absorbs it completely, gaining protection from termites and moisture, and the air is never contaminated", explains the dog.

—¡Maravilloso! ¡Ahora sí estoy convencida! Con campesino o sin éste, me instalo aquí. No solamente se ve muy bien sino que huele delicioso, además tendré carbón de leña para cocinar, ¡sin contaminar!

… ¡Y ÉSTE ES SÓLO EL COMIENZO! …

"Wonderful! Now I'm convinced. With or without the farmer, I'm moving in here. It's not only a safe and pretty house, it also has plenty of charcoal for cooking, without polluting!".

…AND IT HAS ONLY JUST BEGUN! …

¡me instalo!

I'm moving!

¿Sabías que... Did you know that...

El bambú pertenece a la familia de las gramíneas? Esta madera, con fibras de cualidades superiores al hierro, es tan resistente como éste, pero más flexible.

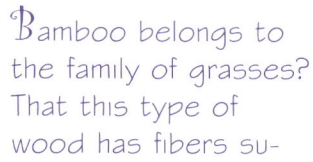

Bamboo belongs to the family of grasses? That this type of wood has fibers superior to those of iron, which are just as strong but more flexible?

La guadua es como el pasto, que al cortarlo crece sin necesidad de volverlo a sembrar? Por tanto, nace una guadua al lado de la que se cortó.

Giant bamboo is just like grass: if you cut it, it grows back without the need to plant it again? So a new giant bamboo shoot grows right next to the one you have cut.

La diferencia no está en el material (ladrillo o guadua) con que se construye una casa, sino en la forma como quede construida?

The material (brick or giant bamboo) used to build a house doesn't make as much difference as the way it is built?

Con el bambú se hacen pisos, muebles, artesanías, cestas, mesas, lámparas e incluso puentes? Sólo hay que aplicarle diseño y se obtendrá una obra de arte ecológica.

Bamboo is used to make floors, furniture, handicrafts, baskets, tables, lamps and even bridges? You just have to design it properly in order to end up with an ecological piece of art.

La inclinación y la posición de las columnas en bambú son muy importantes, porque les proporcionan soporte y equilibrio a las construcciones, haciendo que la casa baile al ritmo de la Tierra?

The angle and position of bam-boo columns is very important since they provide support and balance to the building, making the house dances along the rhythm of the earth?

Ingenieros japoneses inventaron un fibrocemento a base de bambú para el techo de las casas, con el fin de remplazar el asbesto cemento, que afecta la salud de las personas que habitan casas construidas con este material?

Japanese engineers have invented a bamboo based fiber-cement for roofing to replace the asbestos-cement roofs, which are harmful to the health of people living in houses built with this material?

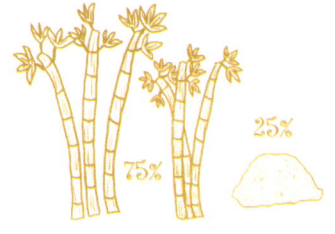

En la construcción de techos, el 75% del volumen de éstos se hace de bambú y el 25% de cemento? El peso de cada material equivale al 50% del total.

In roofing, 75% of the volume is bamboo and 25% is cement? The weight of each material equals 50% of the total?

Inyectar cemento en el interior de la guadua sirve como refuerzo en los puntos de apoyo y como elemento de fijación para los herrajes?

Injecting cement into the giant bamboo reinforces the support points and the connections to ironwork?

En las construcciones se aprovecha la conformación maciza de la raíz de la guadua, para fortalecer la estructura?

The solidity of the giant bamboo roots helps to strengthen the structure?

Las pilastras de concreto sirven para aislar la guadua del suelo y así protegerla de la humedad?

Concrete pilasters help isolate the giant bamboo from the soil and thus protect it from humidity?

Inmunizar la guadua ahumándola es una buena opción? Además, se genera un producto adicional: el carbón vegetal.

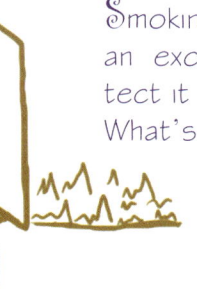

Smoking bamboo wood is an excellent way to protect it from rot and pests? What's more, this results in an additional product: char-coal for cooking?

La longitud del alero en los techos protege del agua y del sol la estructura de la construcción?

The length of the roof's eaves protects the building's giant bamboo structure from both water and sun?

Piensa sobre... Think about it...

¿Por qué al campesino no le gusta su casa?

Why is it that the farmer doesn't like his house?

¿Te parece que el bambú es símbolo de pobreza?

Do you think that bamboo is a symbol of poverty?

¿Por qué a la guacamaya y al perro les gusta tanto la casa?

Why do the macaw and the dog like the house so much?

¿Qué opinas de la forma de inmunizar el bambú? ¿Prefieres los químicos o el humo de la guadua?

What do you think of the way the bamboo is treated for protection? What would you rather use to treat bamboo: chemicals or smoking?

¿Te gustaría construir una casa de bambú? ¿Puedes cultivar tu casa?

Would you like to build a bamboo house? Can you grow your own home?

¡Hazlo tú mismo! Do it yourself!

Imagínate la casa de tus sueños. Dibújala y luego constrúyela con los materiales que tengas a la mano (arcilla, piedras, palos, plastilina, etcétera).

Muéstrasela a tus amigos y familiares.

Imagine the house of your dreams. Draw it and then build it with the materials you have at hand (clay, stones, sticks, modelling clay....).

Show it to your friends and relatives.

Guía para padres y docentes   Teachers' and parents' guide

Conocimiento Académico

BIOLOGÍA	(1) El bambú, su diversidad y su rol en los ecosistemas. (2) El papel de las termitas en el ecosistema. (3) El papel del moho en los ecosistemas. (4) Cómo se protegen las especies de plantas contra los predadores.
QUÍMICA	(1) El uso de químicos basados en metales pesados, para protección contra insectos de la madera y el moho. (2) Química de la madera basada en la lignina, la celulosa y la hemicelulosa. (3) La conversión de la madera en carbón vegetal. (4) ¿Qué es el almidón y cuáles son sus usos aparte del alimenticio?
FÍSICA	(1) El proceso de destilación y evaporación. (2) Impregnación. (3) El papel que desempeña el tiempo. (4) Contenido energético del acero, del cemento y del bambú.
INGENIERÍA	(1) La importancia de la protección contra el sol y la lluvia. (2) Cómo diseñar un alero y un balcón. (3) Construcción de edificios resistentes a terremotos; o diseño de edificios que bailen al ritmo de la Tierra.
ECONOMÍA	(1) El papel de la revisión independiente, la auditoría y la certificación. (2) La importancia de la imagen en mercadeo. (3) El concreto dura máximo 40 años; el bambú dura cientos de años.
ÉTICA	¿Cómo podemos justificar la construcción de casas feas para las personas de menos recursos, con materiales de construcción incómodos, si hay una riqueza de materiales hermosos, locales y disponibles a menores costos?
HISTORIA	Las primeras estructuras en bambú, que todavía están en pie, fueron construidas hace 3.000 años en Manchuria (China). ¿Cómo ha sido usado el bambú durante siglos?
GEOGRAFÍA	¿Dónde crece el bambú? ¿Cuántos países usan el bambú en los edificios?
MATEMÁTICAS	Fórmula básica para calcular la fuerza de tensión y compresión.
ESTILO DE VIDA	(1) Comodidad sin mantenimiento. (2) Estilo de vida determinado por las preferencias de las personas adineradas.
SOCIOLOGÍA	Vivienda para familias y casas en el campo buscando comodidad, como sanitarios con agua corriente.
PSICOLOGÍA	La importancia de los símbolos en la vida: el bambú es un símbolo de pobreza.
SISTEMAS	El bambú provee vivienda, pero mantiene el nivel freático (nivel de agua en la tierra), la purifica, fija el CO_2, provee aire más frío en los trópicos y rellena la capa vegetal.

Academic Knowledge

BIOLOGY	(1) Bamboo, its diversity and its role in ecosystems. (2) The role of termites in the ecosystem. (3) The role of molds in ecosystems. (4) How do plant species protect themselves against predators.
CHEMISTRY	(1) The use of heavy metal based chemicals to protect against wood insects and molds; (2) Wood chemistry based on lignin, cellulose and hemicellulose; (3) The conversion of wood into charcoal; (4) what is starch and what are its uses apart from nutrition?
PHYSICS	(1) The processes of distillation and evaporation; (2) Impregnation; (3) The role of the time factor. (4) The energy content of steel, cement and bamboo.
ENGINEERING	(1) The importance of protection against sun and rainfall; (2) How to design an overhang and a balcony; (3) Earthquake-resistant construction, or designing buildings that dance to the rythm of the earth.
ECONOMICS	(1) The role of independent review, audit and certification; (2) The importance of image in marketing; (3) Bamboo lasts at least for 100 years.
ETHICS	How can we justify building ugly houses with uncomfortable building materials for the poor when there is a wealth of local and beautiful materials available at lower cost.
HISTORY	The first bamboo structures, which are still standing, were built 3,000 years ago in Manchuria (China). How has bamboo been used over the centuries?
GEOGRAPHY	Where does bamboo grow? How many countries use bamboo in construction?
MATHEMATICS	Basic formulas for calculating compression and tensile strength.
LIFE STYLE	(1) Comfort without maintenance; (2) Lifestyle determined by the preferences of the rich.
SOCIOLOGY	Housing for families and housing in the country side with modern conveniences like flushing toilets.
PSYCHOLOGY	The importance of symbols in life: bamboo as a symbol of poverty.
SYSTEMS	Bamboo provides housing, but maintains the water table and filters it, fixes CO2, cools the air in the tropics and replenishes topsoil.

Guía para padres y docentes

Inteligencia Emocional

GUACAMAYA	La guacamaya está buscando un hogar, y está lista para descubrir algo nuevo. El ave encuentra una bella solución, pero no confía en la opción, pues el propietario de la casa no vive allí. Esto hace que se formule muchas preguntas. Afortunadamente, todas las preguntas son rápida y sencillamente respondidas por el perro y, así, la guacamaya empieza a confiar. Observa lo que está sucediendo, comparara la nueva información con la realidad que tiene ante ella y alcanza un estado de relajación por lo que descubre. Al final, siente como si la casa fuera el lugar correcto para vivir. La guacamaya está contenta.
PERRO	El perro demuestra mucha empatía. La llegada de un nuevo invitado a la casa no lo asusta. Al contrario, la manera amigable de responder resulta ser una acogida amable para el ave. Este crea una atmósfera que es al mismo tiempo cómoda y segura. El perro es consciente de lo que sucede; tomando su lugar y observando lo que conseguía, contribuyó a un buen desenlace de la situación.

Artes

El diseño de construcción tiene ciencia (matemáticas y física) y arte. Las construcciones actuales no son muy distintas de las cuevas en las que vivía el hombre primitivo. El uso de materiales naturales debe permitir el diseño de casas hermosas, no tan artificiales. Pídeles a los niños que diseñen la casa de sus sueños, sin proporcionarles acero, cemento, vidrio ni aluminio. Ellos pueden usar cualquier material que produzca el ecosistema. Puede sugerírseles que imaginen el diseño de una casa para diferentes climas: una en el trópico, otra en el mangle, a lo largo de la costa; y otra para las montañas, usando todos los materiales posibles, que han sido componentes clave. Luego, pídeles que diseñen casas para la ciudad y para el campo. Algunos niños podrían hacer el diseño de una nueva escuela. ¿Cómo serán hechas?

No olvides recomendarles a los niños que tengan en cuenta la luz natural, para que puedan diseñar las casas tomando como referencia el trayecto del sol, desde la mañana hasta la tarde.

Emotional Intelligence

MACAW	The macaw is searching for a home, and therefore is seeking something new. The bird finds a beautiful option but has doubts since the owner of the house doesn't live there. That causes the macaw to ask many questions. Fortunately, all the questions are quickly and simply answered by the dog, building a sense of trust in the macaw. She observes what is happening, compares the new information with the reality before her and becomes comfortable with what she finds. In the ends he feels like this is the right place to be. The macaw is content.
DOG	The dog demonstrates a lot of empathy. The arrival of a new guest in the house does not scare the dog; on the contrary, his friendly way of responding is very inviting to the bird. The dog creates a homely atmosphere that is both comfortable and reassuring. The dog is very aware of everything that is going on, takes his place and watches what unfolds, because he has constructed a good background for the whole situation.

Arts

The design of buildings is part science (math and physics) and part art. Today's buildings are not much different from the caves early man lived in. The use of natural materials should permit the design of more beautiful houses, which are not so artificial. Ask children to design the house of their dreams, without steel, cement, glass or aluminum. One can suggest that they imagine the design of a house for different climates: one in the tropics, one for mangroves along the coast, one for mountains and use all the possible natural materials that have been key components of these climates. Then ask them to design houses for the city and for the country. Some children might want to design a new school. How will these buildings be made?

Don't forget to suggest that the children take natural lighting into account, so that they can design their houses based on the path of the sun from morning till evening.

Sistemas: Haciendo Conexiones

Nuestra sociedad industrializada ha regresado a las conejeras y cuevas, las cuales son muy desagradables para vivir. Hemos escogido materiales que absorben gran cantidad de energía en su construcción, y requieren mucha energía para su uso. De hecho, los materiales de construcción más eficientes suministrados por nuestros ecosistemas (madera, bambú, piedra y tierra) son simplemente considerados como *materiales para los pobres* o para los *sistemas de construcción del pasado*. Como ejemplo, en la famosa historia de *Los tres cerditos*, sólo aquel que usó ladrillos y cemento estuvo a salvo del lobo. Esto ha llevado a que los pobres aspiren a vivir como los ricos: en concreto reforzado con un almacenamiento de agua. Las casas prefabricadas que fueron desarrolladas por esta obsesión han eliminado la cultura y la tradición de miles de años de edificios inteligentes, que necesitaron mucha energía en su creación, pero poca en su mantenimiento. Las estructuras más antiguas de bambú en Manchuria, China, tienen 3.000 años. Desde luego, una casa de bambú retiene el dióxido de carbono, mientras que el cemento reforzado es uno de los materiales que mas contribuye al calentamiento global. Peor aún: las ciudades cubiertas por calles de asfalto y edificios de concreto son la mayor causa del incremento del calor, que ha llevado al excesivo consumo de energía para enfriar el espacio de vida.

Capacidad de Implementación

Toma algunos pedazos de bambú, madera y cemento reforzado. Luego, imagina cómo articular dos piezas de cada tipo de material con dos fuerzas distintas: compresión y tensión. Intenta cualquier opción creativa que venga a tu mente (se puede exponer la solución inventada por Marcelo Villegas y Simón Vélez, que ofrece una fuerza extensible única). Cuando la fuerza de compresión llegue a sus límites, existen técnicas para reforzar el bambú... usando bambú. Después de construir la estructura, ¿qué materiales puedes utilizar para las paredes? Ensaya desde tierra cruda hasta tierra reforzada con paja o un poco de cemento. Pon alambre enmallado y mide la temperatura adentro.

Esta actividad puede hacerse en unión con la lectura de la fábula *El Ventilador de las Cebras*.

Systems: Making the Connections

Our industrialized society has regressed in its housing to hutches and caves which are hardly pleasant to live in. We have chosen materials that absorb a lot of energy in their making, and require a lot in their use. In fact, the most efficient building materials provided by our ecosystems (wood, bamboo, stone and earth) are simply disregarded as "materials of the poor" or "construction systems of the past". As exemplified in the famous story of "*The Three Little Pigs*", only the one using bricks and mortar is safe from the wolf. This has led the poor to aspire to live like the rich: in reinforced concrete with an indoor toilet. The prefabricated houses that evolved from this obsession have done away with the culture and the tradition of thousands of years of intelligent buildings that needed much energy in their creation, but little in their maintenance. The oldest bamboo structures in Manchuria, China are 3,000 years old. Even more, the substitution of these natural materials has contributed to global warming. Worse still, cities covered with asphalt streets and concrete buildings are the main cause of increased temperature which has led to excessive consumption of energy to cool down our living space.

Capacity to Implement

Take a few pieces of bamboo, wood and reinforced cement. Then think of how to fit together two pieces of each type of material so that each piece has a different function: compression and tension. Try anything creative that comes to mind (here one can talk about the solutions developed by Marcelo Villegas and Simón Vélez, which offer a unique extendable force). There are techniques to reinforce bamboo... using bamboo, when the compression strength has reached its limits. Once the structure has been completed, what type of materials can be used for the walls? Try anything from plain earth to earth reinforced with straw or a little cement. Put wire in it and check the internal temperature.

This activity can be programmed together with the fable of *The Zebra Aircon*.

Guía para padres y docentes

Esta fábula está inspirada en Oscar Hidalgo

El arquitecto Óscar Hidalgo ha dedicado su vida a la investigación del bambú y a enseñarle al mundo sobre las posibilidades ilimitadas de esta planta. Nació en una casa de bambú en Chinchiná, en el departamento de Caldas, Colombia. La construcción de bambú era común en su región, donde muchas casas residenciales y públicas fueron construidas con este barato y abundante material. Esta región, conocida como el Eje Cafetero, era en la época de la colonización española un gran bosque de bambú, conocido como la *Guadua angustifolia*. Como en la mayoría de los hogares, en su casa el bambú fue ocultado debajo del yeso y lucía como si ésta fuera de ladrillo.

Después de terminar la universidad, Óscar fue cautivado por las posibilidades de usar el bambú en construcciones, y emprendió un proyecto en Colombia para construir un quiosco de 23 metros de diámetro, usando este material. Cinco días antes de la ceremonia de inaguración hubo un huracán que movió el quiosco 90 centímetros. Después de dos horas de trabajo, la estructura fue movida con éxito, y colocada de nuevo en su lugar, sin derrumbarse. Sorprendido por la integridad estructural y las posibilidades estéticas del proyecto, Hidalgo emprendió un programa de investigación que lo ha llevado a Asia, Costa Rica, Brasil y otros lugares, para estudiar esta planta y crear estructuras experimentales. Óscar Hidalgo es creador de casas e inspirador de una generación de arquitectos expertos en el uso de esta gramínea que, por ser un pasto, cada vez que se corta crece de nuevo.

LIBROS:
* "Grow your own house: Simon Vélez and Bamboo Architecture"
-Autores: Mateo kries (Vitra Design Museum), Jean Dethier (Centre Pompidou)

WEB:
* http://ambiental.utp.edu.co/guadua/general/reforestacion%20.htm
* http://www.worldbamboo.org/
* http://www.zeri.org/projects/growyourownhouse.htm